幼兒大科學·3·

勇敢說出我不要

王渝生◎主編

沈蕾娜◎編著　　貓粒◎繪

中 華 教 育

幼兒大科學·3·

勇敢說出我不要

王渝生◎主編

沈蕾娜◎編著　貓粒◎繪

出版 / 中華教育

香港北角英皇道 499 號北角工業大廈 1 樓 B

電話：(852) 2137 2338　傳真：(852) 2713 8202

電子郵件：info@chunghwabook.com.hk

網址：http://www.chunghwabook.com.hk

發行 / 香港聯合書刊物流有限公司

香港新界荃灣德士古道 220-248 號 荃灣工業中心 16 樓

電話：(852) 2150 2100　傳真：(852) 2407 3062

電子郵件：info@suplogistics.com.hk

印刷 / 迦南印刷有限公司

香港新界葵涌大連排道 172-180 號金龍工業中心第三期十四樓 H 室

版次 / 2021 年 6 月第 1 版第 1 次印刷

©2021 中華教育

規格 / 16 開（205mm x 170mm）

ISBN / 978-988-8758-84-5

責任編輯：梁潔瑩

裝幀設計：龐雅美

排版：龐雅美

印務：劉漢舉

大家好，我叫「守護喵」，跟我一起學習安全知識吧！

目錄

身體有個小祕密

奇怪！為甚麼大家的泳衣不一樣呢？

去海邊啦！沙灘上的每個人都穿着泳衣，可是為甚麼大家的泳衣各不相同呢？為甚麼男生都沒有穿上衣，有的阿姨泳衣蓋住了肚子，有的阿姨卻露着肚子呢？

泳衣的作用是遮住「私隱部位」！

肚皮不是私隱部位，可以露出來喲！

胸部

臀部

外生殖器（陰脣）

臀部

外生殖器（陰莖、陰囊）

一起來認識一下「私隱部位」吧！

我也要展示我的肉肉！

1.

有個叔叔在向別人展示他手臂上的肉肉，我也想展示，可我身上哪裏肉多呢？

2.

啊！屁屁上的肉最多，我也要去展示給大家看！

3.

可是媽媽把我拽走了，她說屁股是「私隱部位」。

4.

這回我知道啦！大家快來看我的「私隱部位」啊！

私隱部位是指不能給別人看的部位，不但不能給別人看，更不能讓任何人隨便觸摸，包括爸爸媽媽。

博物館裏雕像怎麼不穿衣服？

原來私隱部位是不能讓別人看的啊，可是為甚麼博物館裏叔叔的雕像，還有畫裏面的阿姨都沒有把私隱部位遮起來呢？而且大家還都專門買票去看呢？

博物館裏的展品都是藝術喲，這是藝術家在讓我們感受人體的藝術之美。我們的身體雖然也很美，但不是藝術品，不可以展示給別人看喲。

親親、抱抱是愛嗎？

有時候，我喜歡「親親」和「抱抱」！

媽媽親我的時候，我覺得很幸福。

爸爸抱着我玩「飛機遊戲」的時候最開心了！

我摔倒了，奶奶只要抱抱我就不疼了。

可有時候，我卻不喜歡別人這樣做！

鄰居叔叔總是一見面就要抱我，我不喜歡！

姨丈雖然是家人，但是我不喜歡他親我！

男老師總是摸我的屁屁，那感覺真不好！

「親親、抱抱」都是表達愛意的方法，但是，你知道嗎？它們其實分成「好親親、抱抱」和「壞親親、抱抱」喲。「好親親、抱抱」會讓你感到開心和安全，是表達愛意的方式。而「壞親親、抱抱」會讓你感到害怕、緊張、羞辱甚至疼痛。「壞親親、抱抱」不是愛，你有權利拒絕。

即使是這些人，也不可以喲！

1 雖然要聽老師的話，但如果老師亂摸、亂親，也是不可以的。

2 醫生是守護我們身體健康的人，但檢查身體的時候需要有信任的人陪伴。

3 警察是保護我們安全的人，如果警察叔叔不小心摸錯地方，我們也要提醒他。

我不喜歡，大聲說不要！

每個人的身體都應該得到尊重。我們的私隱部位不可以被別人隨意觸摸和觀看，我們也不可以隨便觀看和觸摸別人的私隱部位。這個「別人」指所有人，也包括爸爸媽媽喲！

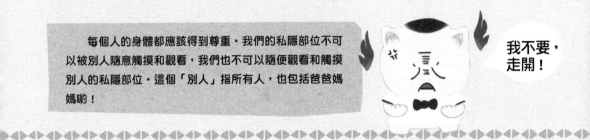

我不要，走開！

一起來學習如何保護我們的身體吧！

你褲子裏是不是有隻小鳥呀！哈哈。

1.

如果你已經學會自己脫褲子，請不要繼續穿「開檔褲」。

2.

如果有人對你的私隱部位開玩笑，告訴他你不喜歡這樣的玩笑，這樣做是不對的。

3.

洗手間

學會自己去洗手間大小便。

4.

小女生如果還不會自己洗澡，可以請媽媽幫忙，但不可以讓爸爸看。

這樣做的都是壞人！

要大聲說「不！」並告訴父母！

1. 要求你脫光衣服給你拍照的人。

2. 強迫你看他的私隱部位的人。

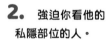

3. 要求看你私隱部位的人。

4. 給你看一些奇怪的圖片和影片的人。

絕對不能保守的「祕密」

今天我有兩個小祕密

快要到媽媽的生日了，我親手給媽媽做了生日禮物，這是個天大的祕密，一定不能讓媽媽知道。

《小龍人》

我頭上有犄角，我身後有尾巴，誰也不知道，我有多少祕密……
我是一條小青龍，我有多少小祕密，我有許多的祕密，就不告訴你，就不告訴你，就不告訴你。

鄰居哥哥說要帶我玩一個「摸屁屁」的遊戲，可是我不喜歡這個遊戲。哥哥說他是因為喜歡我才這麼做的，還說這是我們的祕密，如果我告訴其他人他就會生氣。

祕密也分「好祕密」和「壞祕密」喲，那些讓你感到緊張、害怕、不舒服，以及觸碰到「私隱部位」的祕密就是不可以保守的「壞祕密」！選一選，右邊哪個是「壞祕密」？

不能保守的祕密要告訴誰呢？

如果有了一些不應該保守的「壞祕密」，不論對方說不保守祕密的後果會如何嚴重，我們都應該立刻告訴爸爸媽媽，因為爸爸媽媽會保護我們。你也可以讓爸爸媽媽幫你製作一個「祕密手掌」（詳見第33頁），然後把祕密告訴「祕密手掌」裏的人。

「壞祕密」也可以這樣說出來

如果你很害羞不想把「壞祕密」親口說出來，也可以試試這些辦法喲。

通過畫畫或者寫日記來把祕密表現出來，然後再拿給信任的人看。

在媽媽給你講故事的時候，把祕密當成故事講給媽媽聽。

用娃娃、玩偶來表達你想說的意思。

如果說出「壞祕密」後，你依然覺得不開心，可以請父母帶你去找心理諮詢師聊一聊。

說出「壞祕密」後，會發生甚麼事呢？

爸爸媽媽一定會保護你，他們會找到對方，告訴他再也不要做這樣的事。有的時候，警察叔叔也會出面幫助你把壞人抓走，這樣可以防止壞人再對別的小朋友做同樣的事，那樣的話，你就成了拯救小朋友的小英雄啦。

不是你的錯

小強遇到了壞人，雖然他把發生的事情告訴了爸爸媽媽，可小強還是不開心。看看小強寫的作文，你覺得他的想法對嗎？

這樣想是不對的！

來自小強的作文簿

我沒有守護好我最寶貴的身體，雖然我把這件事情告訴了爸爸媽媽，壞人也再不敢來找我了，可是我還是好傷心。我覺得我是個不乖的孩子，爸爸媽媽一定很失望，這都是我的錯。其他小朋友如果知道我沒有保護好我的身體，他們一定會笑我的！世界上為甚麼有這麼多壞人呢？他們比大怪獸還壞！

你做得非常好，這不是你的錯。沒有人會嘲笑你，每個人都覺得你非常勇敢。

爸爸媽媽會永遠相信你、支持你、保護你。這個世界仍充滿愛和善意。

來自爸爸媽媽的一封信

親愛的寶貝，感謝你與爸爸媽媽分享你的祕密。

要知道，這一切都不是你的錯。

你做得非常對，我們相信你說的每一句話。你這樣勇敢，我們為你感到驕傲。

我們會好好地保護你、照顧你、愛你。

寶貝，雖然盛開鮮花的世界偶爾會有大灰狼，但請堅信世界仍然充滿愛和善意。

——永遠愛你、信任你的爸爸媽媽

守護朋友的身體

因為是朋友，所以我們來約定吧！

　　和朋友們一起玩遊戲是世界上最快樂的事，我們喜歡玩捉迷藏、警察抓小偷、老鷹捉小雞，還有過家家……和朋友在一起，好玩的遊戲太多了，但是有時候，一些我們認為很好玩的「遊戲」會在不經意間傷害了朋友的身體和心靈。

　　請像守護你自己的身體一樣守護朋友的身體吧！

不要掀開朋友的裙子，不要要求朋友脫掉褲子，更不能主動拉下朋友的褲子。

不可以用手指捅朋友的屁屁。

不可以看朋友的私隱部位。

不可以親吻朋友的嘴巴。

不可以開玩笑把朋友
拉進錯誤的洗手間。

不可以嘲笑朋
友的私隱部位。

如果發現有人對朋友做
出了上述行為，要大聲制止。

「守護喵」的安全小測驗

提高安全意識是我們保護自己的最好方式。我們要牢記下面的五種「安全警報」，當警報「響起」時，就要馬上提高警惕，隨時準備說出「我不要！」

當有人要求看你的私隱部位，或者讓你看其他人的私隱部位時，請在心中拉響「**視覺警報**」。

當有人談論自己或別人的私隱部位時，請在心中拉響「**言語警報**」。

當有人觸碰你的私隱部位，或者叫你觸碰他們的私隱部位時，請在心中拉響「**觸碰警報**」。

當你與陌生人單獨待在一起時，請在心中拉響「**獨處警報**」。

當有人擁抱你、背你或者親吻你時，請在心中拉響「**約束警報**」。

安全小測驗開始啦！

1. 如果一個男人觸碰一個女孩的胸部，可以嗎？

不行！拉響「觸碰警報」。

2. 當女孩的媽媽在旁邊時，醫生能不能檢查女孩的私隱部位呢？

可以，這是安全的。

3. 如果一個男人在女孩面前脫衣服，可以嗎？

不行！拉響「視覺警報」。

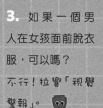

4. 如果一個女人把一個她不認識的小女孩帶到沒有人的房間並關上了門，可以嗎？

不行！拉響「獨處警報」。

6. 如果一個照顧者幫一個男孩穿衣服，可以嗎？

可以，這是安全的。

5. 如果一個男人對女孩說「你的屁股很可愛」，可以嗎？

不行！拉響「言語警報」。

7. 姑丈擁抱了他的姪女，可以嗎？

可以，但前提是他在她的「愛心圈」（詳見第32頁）裏，否則就應拉響「約束警報」。

壞人長甚麼樣？

媽媽總說要遠離壞人，可是壞人長甚麼樣呢？

今天我和好朋友做了一件大好事，我們一起畫了一面「通緝壞人牆」，我們匯總了小朋友們心目中壞人的特點，只要遠離他們，媽媽就再也不用擔心我們的安全問題啦。

壞人一定長着紅色的眼睛和尖尖的牙齒。

壞人有長長的指甲，頭髮是紅色的。

壞人有紋身！臉上還有刀疤。

壞人長得又醜又兇，穿黑衣服，戴黑帽子。

感覺哪裏怪怪的，壞人真的長這樣嗎？

大家好，這裏是喵喵電視台。

據調查，拐賣兒童的犯罪分子中除了陌生人，還有孩子父母的朋友、鄰居、同事、親戚。

其他

父母認識的人

陌生人

喵喵電視台

要記住：

壞人不一定拿着刀，反而可能拿着棒棒糖。

壞人不一定是陌生人，熟悉的人也有可能變壞。

壞人不一定很醜、很兇、很可怕，有時他們可能看起來很溫柔、很有趣。

被「誘拐」之後會發生甚麼？

被壞人騙走的小朋友有可能再也見不到爸爸媽媽，再也無法回到自己溫暖的家。他們可能會被犯罪分子賣給別人。也有一些孩子會被打扮成乞丐，被迫上街乞討。

和陌生人說話時你要這樣做

1. 最好保持五大步以上的安全距離。

2. 要警惕想帶你離開的陌生人。

3. 儘量和父母在一起，至少要讓父母知道你在哪裏。

報警電話：

爸爸的手機號碼：

媽媽的手機號碼：

我的家住在：

一起製作重要的信息卡，
你一定要背下來喲！

開始啦，防「誘拐」闖關大冒險！

雖然我們不能通過外觀來判別好人和壞人，但是我們有很多辦法可以遠離壞人。一起來試試防「誘拐」闖關大冒險吧！看看你能走到第幾關。

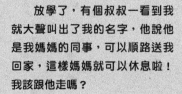

想知道你的名字？太簡單了！

書包上的個人資料卡。

校服上的姓名牌。

聽到過別人叫你的名字。

家人在社交網路上暴露了你的資訊。

第一關：他知道我的名字！

放學了，有個叔叔一看到我就大聲叫出了我的名字，他說他是我媽媽的同事，可以順路送我回家，這樣媽媽就可以休息啦！我該跟他走嗎？

想清楚三個問題，你就知道能不能跟她走了！

- ☐ 1. 她為甚麼要給你零食和玩具？
- ☐ 2. 跟她走了，爸爸媽媽去哪找你？
- ☐ 3. 萬一去她家有危險，誰能幫助你？

第二關：哇！她有零食和玩具！

我在路上碰見一個漂亮阿姨，她說她家有好吃的雪糕和漂亮的洋娃娃，要帶我去她家玩。我能跟她回家嗎？

大人住院了，醫生是不會首先通知小朋友到醫院的喲！

正確的做法：到學校的校務處給父母打電話，如果聯繫不到父母絕對不能跟他走。

第三關：
甚麼？爸爸出車禍了

有個叔叔急匆匆地跑過來，他說我爸爸出車禍了，要帶我去醫院看他！我好着急啊，能跟這個叔叔走嗎？

奇怪真奇怪

媽媽說要做樂於助人的好孩子

老師和媽媽都經常告訴我要善良、要樂於幫助別人。不過她們還告訴我，有些壞人會利用小朋友的善良來做壞事，在幫助別人之前，要先學會保護好自己。不能幫上大人的忙，不代表你是壞孩子喲。當發生以下幾種情況時，一定要小心！

小朋友，我不認識路，你能帶我去嗎？

你們能幫我把這個大箱子抬到那邊嗎？

我接受了別人的幫助，可是爸爸卻批評了我

有一次，我在公園玩耍的時候不小心摔倒了，一個好心的爺爺說要帶我去他家上藥，我跟爺爺去了。上好藥後爺爺又把我送回了公園，我很感謝他。我們回到公園時，爸爸正在焦急地尋找我。那天爸爸嚴厲地批評了我，爸爸告訴我，下次再遇到這種情況，可以請爺爺打電話給他，在沒有爸爸媽媽允許的情況下，絕對不可以跟別人走，即使這個人看起來很善良或者我認識他。

哎！這些大人真奇怪，為甚麼要來找小孩子幫忙呢？

大人遇到困難會優先找警察或者其他大人幫忙，通常不會去找小孩子。遇到這樣奇怪的人一定要小心！

如果你遇到了這樣奇怪的人，要禮貌地拒絕他們的請求，無論他們如何央求也不要跟他們去任何地方。並且一定要把這件事告訴老師和家長喲。

3.

我的小狗丟了，你能幫我找找嗎？

4.

哎喲，我好難受啊，你能送我回家嗎？

原來我該這樣做

1. 感謝想要幫助你的人。

2. 與他保持安全距離。

3. 如果你真的需要幫助，請他幫你給爸爸媽媽打電話。

4. 如果你無法拒絕熱情的陌生人的幫助，可以跟他說爸爸媽媽就在附近，馬上就會過來。

汽車變成大惡魔

　　壞人經常用汽車來實施誘拐，因為汽車是密閉的私密空間，而且逃跑迅速，不好尋找。小朋友一旦被騙上車或者被強行拽到車上，就很難再逃跑了，所以對於陌生的車輛我們一定要特別小心。

如果別人這樣說，一定要說「我不要！」

1. 你快遲到了？我送你去吧。

2. 我的車裏有很多玩具，你要不要上來挑一個？

3. 我不認識路，你能上車幫我指路嗎？

4. 我的筆掉到車座下面了，你的手小，可以試試幫我拿出來嗎？

5. 你媽媽臨時有事，讓我先送你回去。

6. 我順路喲，可以免費送你回家。

1. 遠離停車場，不要在路邊停放的汽車旁邊玩耍。

2. 無論陌生人說甚麼，都不要上他的車。

3. 如果對方強行拉你上車，要大聲喊「救命」，盡全力反抗。

4. 如果有車一直跟着你，要朝反方向逃跑。

5. 如果有人在車裏跟你搭話，要保持五步以上的距離。

被拐自救攻略

新 聞　喵喵安全報

下面是一個真實的案例，讓我們一起來向這個機智的小朋友學習吧！

1. 一天，一個小女孩在上學的路上被一個陌生的阿姨強行帶上了車。

2. 當她們路過收費站，工作人員例行檢查時，小女孩大喊：「她不是我媽媽！」這馬上引起了工作人員的警惕。

3. 來到警署，小女孩不但告訴了警察自己被抓的過程，而且清楚地說出了自己的姓名、學校名，還有父母的姓名和電話。

4. 小女孩用自己的機智逃離了壞人的魔掌，而且沒有讓自己受到任何傷害，真是個聰明、勇敢的孩子。

如果你已經被帶到荒涼的地方

假裝安靜、聽話，不要大吵大鬧，以免壞人生氣，發生更加可怕的事情。

如果壞人問你知不知道他是誰，這是哪裏，能記住他的臉嗎？都要回答「不能」。

儘量不要哭，多吃飯、多睡覺，保持體力。

警察喵：雖然大聲呼救和奮力反抗非常有效，但你要根據所處的環境和壞人的狀態來選擇。有的時候，奮力反抗反而會讓你更加危險。

如果壞人試圖強行拉走你

1. 大聲呼救。

2. 如果他摀着你的嘴，你可以咬他或用力掰他的小拇指。

3. 如果他拽你的手臂，你要兩手交叉猛地使勁一揮，這樣更容易掙脫。

4. 如果他從身後抱住你，你要快速用力地蹲下，然後逃跑。

找機會接近窗戶，扔紙條或找機會求救。

如果有機會遇到警察叔叔，一定要盡全力大聲呼救。

如果壞人帶你離開關押地，要借上廁所等機會往人多的地方跑。

爸爸媽媽，你們在哪？

兒子，今天是你走失的第 431 天，媽媽和爸爸每天、每分、每秒都在尋找你。我們走遍了所有的街道，不停在網上發佈你的資訊，每一天都在淚水中度過。再過一個月你就該上小學了，媽媽多希望能牽着你的手送你上學。媽媽答應你，一定會找到你！等着我，好嗎？

尋子啟事

中國每年都有很多兒童丟失，預防丟失最好的辦法就是家長和孩子都提高安全意識。

行人稀少、陰暗、偏僻的地方千萬不要去，因為那裏有可能藏着壞人喲。

一定要緊緊拉住媽媽的手

人多的地方，一旦跟爸爸媽媽走散就很難再找到他們，所以去下面這些人多的地方時一定要緊跟父母，不要亂跑。

公園

超市

商場

地鐵站、火車站

大型活動現場

遊樂園

迷路了！怎麼辦？

不要跟陌生人走，即使他說知道你的爸爸媽媽在哪裏。只能相信警察或工作人員。

背熟爸爸媽媽的電話。可以把爸爸媽媽的電話寫在小紙條上，然後放在鞋墊下面，這樣就不怕忘記啦。

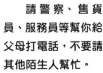

請警察、售貨員、服務員等幫你給父母打電話，不要請其他陌生人幫忙。

站在原地等待爸爸媽媽，不要自己尋找，因為爸爸媽媽也在找你。

喵喵街

不要大哭，這樣可能會引起壞人的注意。

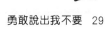

超級任務，一個人回家

爸爸媽媽不可能隨時隨地跟我們在一起，如果因為一些原因，我們必須要一個人回家時，這些事你一定要記住！

等電梯的時候要背對着電梯靠在電梯旁邊的牆壁上，以防有壞人靠近時你無法發覺。

坐電梯其實很「難」喲！

電梯是一個狹小、密閉的空間，在電梯中，如果遇到壞人我們沒有辦法逃跑。獨自一人坐電梯的時候，一定要注意。

不要和陌生人一起乘坐電梯，如果對方邀請你上電梯，你可以說：「謝謝您，您先上去吧，我在等媽媽。」

乘坐電梯的時候，背靠牆壁，如果覺得有壞人，按臨近樓層的按鈕，儘快離開。

媽媽，我回來啦！

放學之後，一定要等父母來接你回家。如果父母要求你自己回家，你一定要格外小心，隨時觀察是否有可疑的人尾隨。

一個人回家的時候，不要邊走邊玩鑰匙。

> 爸爸，我回來啦。

> 我要回家。

開門前，確定附近沒有人。

進門之前，無論家裏是否有人，都要大喊「我回來了！」

不要跟任何陌生人走，目的地只有一個，那就是「家」。

警察叔叔

隔壁阿姨

修理工

無論誰來都不開。

今天我看家

爸爸媽媽信任我，把看家的重任交給我，我一定要遵守諾言，絕不給任何人開門。

媽媽同事

快遞員

「守護喵」的安全手工課

叮零零，上課啦！

大家好，我是「守護喵」老師，前面我們學習了很多保護自己的知識，今天我們來一起做幾個神奇的小手工，它們能幫助你進一步提高安全系數喲。

愛心圈

除了爸爸媽媽，我們還有很多對我們非常好的親人，有人喜歡奶奶睡前的親親，有人喜歡姑姑抱着轉圈圈，愛心圈就是為這些人準備的。如果他們親吻你的臉頰、擁抱你的時候，你感到幸福、安全，那麼他們就可以進入愛心圈啦。

製作方法：

1. 「愛心圈」裏的人都是很愛你的人，一起試試在下面的「愛心圈」中畫出他們的樣子吧。

2. 請爸爸媽媽把製作完成的「愛心圈」剪下來，影印幾份，分別送給你愛的人吧，他們一定會很開心。

照顧者名單

　　能夠進入「照顧者名單」的人，是指那些在你洗澡的時候、私隱部位受傷的時候，可以看或者觸碰你的私隱部位的人。

照顧者名單表

製作方法：

1. 與父母進行嚴肅認真的討論，篩選出有資格進入照顧者名單的人。

2. 將名字填寫到「照顧者名單表」上，如果你還不會寫字，可以讓爸爸媽媽幫你貼照片。

注意：「愛心圈」和「照顧者名單」裏的人不完全相同喲。例如，在你的私隱部位受傷時，醫生是可以進入照顧者名單的人，但你與他們並不熟悉和親近，所以他們不在愛心圈。進入愛心名單要求非常嚴格，所以最好和爸爸媽媽一起製作，請他們幫你把關。

雖然也可以讓你的同齡人、寵物，甚至玩具進入「祕密手掌」，但要知道，同齡人、寵物、玩具在你需要幫助的時候沒辦法幫助你，所以你的「祕密手掌」中一定要有成年人喲。

祕密手掌

　　選出你願意把所有祕密都告訴他的人，這些人將成為你的「祕密守護者」，你將和這幾位「祕密守護者」達成契約，你不會有祕密隱瞞他們，而他們將會永遠信任並幫助你。快在旁邊的手掌中寫上他們的名字吧！

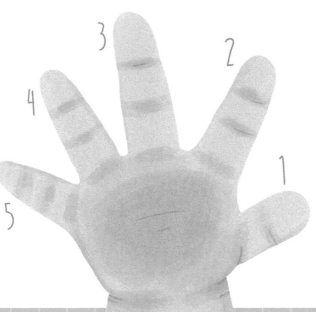

也許欺凌已經發生

「欺凌怪」！
我要打敗你！

　　欺凌就是欺負的意思，是指用態度、動作、言語等對他人的身體或心靈造成傷害的行為。

　　你也許不知道，你曾經的一些「玩笑」其實已經對他人造成傷害，你成了欺凌者。

　　你也許不知道，你曾經經歷過的某些「成長挫折」其實是一種欺凌，你成了被欺凌者。

　　無論你是否遭遇過欺凌，讓我們一起來認識它、了解它、趕走它吧！

當對方感到傷心時，你的玩笑就是欺凌

1. 嘲笑別人「與眾不同」的地方。

2. 毆打或者用言語侮辱別人。

在欺凌中，你是哪個角色？

欺凌者

通過欺負別人來達到自己的目的，甚至認為這樣很有趣的人。

欺凌者的支持者

為欺凌者加油助威，甚至崇拜欺凌者的人。

被欺凌者

默默忍受欺凌，認為這一切都是自己的錯的人。

3.

孤立別人。

4.

把別人鎖起來，甚至把水倒在他頭上。

5.

散播對別人不利的謠言。

6.

搶奪別人的東西。

反抗者

被欺凌時不會默默承受，想辦法反抗欺凌者的人。

旁觀者

對欺凌行為裝作沒看見，認為與自己無關的人。

守護者

發現有欺凌行為時，站出來制止欺凌者的人。

致欺凌者
快樂不能建立在別人的痛苦上

在人與人的相處過程中，我們不需要去喜歡每個人，但是我們必須尊重每個人。沒有人天生就是欺凌者，他們之所以成為欺凌者，大多是因為他們自己就曾經被人欺凌過。

想一想，你做過欺凌別人的事嗎？欺凌者在欺負別人之前腦子裏在想甚麼？

無法表達內心想法，乾脆用暴力解決。

想要引起別人的重視，希望有存在感。

認為別人都要聽自己的。

在家裏受到類似的欺凌，到學校找別人發泄。

雖然欺凌行為不能原諒，但是如果你曾經做過類似的事，也不代表你是壞人。做錯了事，我們可以彌補和改正，相信你一定能夠變成正直、有愛心、有責任心的人。

不能容忍別人與自己不同。

「開玩笑」「鬧着玩」「不是故意的」，這些藉口都不能為欺凌者辯護，因為他們的快樂是以別人的痛苦、傷心、無助為代價的，欺凌永遠不是遊戲的一部分。

如果你曾經欺凌他人，你該這麼做：

1. 向對方道歉。

2. 如果你弄壞了對方的東西，一定要賠償。

3. 做一些有利於你們友誼的事，例如邀請他和你一起玩。

4. 找出自己犯下過失的原因，也許是「嫉妒」，也許是「誤會」，如果你分析不出來，可以讓父母幫助你，避免再犯錯。

如何控制自己不做出「欺凌」行為？

☐ 遠離想欺負的對象。

☐ 把對的想法寫在紙上。

☐ 站在對方的立場上想一想。

☐ 想像一下，如果你做出了欺凌行為，對方會受到哪些傷害。

致被欺凌者
遇到困難，請不要一個人忍耐

你曾經遭受過欺凌嗎？沒關係，這不是你的錯。任何人都有可能成為被欺凌的對象，我們要學會如何應對！

任何人都可能成為被欺凌者

插班生、轉學生。

班級裏年齡最小的孩子。

害羞、內向、安靜、膽小的孩子。

很貧窮或很富有的孩子。

學習成績特別好或特別不好的孩子。

高、矮、胖、瘦的孩子。

戴眼鏡或者戴牙套的孩子。

對某些食物過敏的孩子。

外貌「與眾不同」的孩子。

你看，成為被欺凌者的原因千奇百怪。要記住，「與眾不同」並不醜陋，欺凌行為才是最醜陋的。

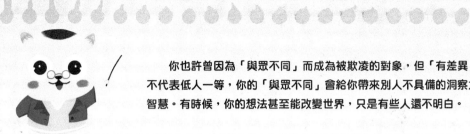

你也許曾因為「與眾不同」而成為被欺凌的對象，但「有差異」並不代表低人一等，你的「與眾不同」會給你帶來別人不具備的洞察力和智慧。有時候，你的想法甚至能改變世界，只是有些人還不明白。

遭受欺凌時，你該怎麼做？

1. 不要責怪和討厭自己，你沒有做錯事。

2. 把事情告訴可以信任的大人，你會得到更好的保護，大人也會告訴你解決方法。

3. 把事情告訴老師不是幼稚或背叛，你在用正確的方式幫助自己。

4. 不要企圖躲避或討好欺凌者，這可能會讓他們認為你很好欺負。

5. 儘可能地保留證據，如果欺凌者狡辯，你就可以有力地反擊他了。

你知道怎樣變身成反抗者嗎？

1. 勇敢直視對方的眼睛，抬頭挺胸大聲說「住手！」

2. 嘗試問對方「為甚麼」。

3. 明確地告訴對方：「你可以不喜歡我，但不能欺負我！」

致旁觀者
沉默是另一把傷人的利劍

大家好，我是喵喵記者。下面為大家報道喵喵學校最近發生的一件事：

轉學生娜娜剛剛來到班裏不久，大家都很喜歡她。

有一天小黑聽說轉學生娜娜在舊學校裏是個壞孩子，於是他號召同學們都不要跟娜娜一起玩。大家都沒有提出反對意見。

不關我事。

好可憐。

說得對。

誰也不許跟她玩！

這位同學的理由雖然很合理，但是她因為自己的懦弱而放棄了幫助娜娜的機會。

喵喵記者要採訪一下這幾位同學，問問他們當時的想法

你覺得小黑做得對嗎？

那你為甚麼沒有站出來幫助娜娜呢？

我覺得不對。

小黑很厲害，我怕他會打我，或者也讓大家別和我玩，我不知道該怎麼做，也許我會幫倒忙。

那麼你們覺得小黑做得對嗎？

小黑是我的好朋友，無論對錯我都支持他。

我不認識娜娜。

我和他們倆都不熟，跟我沒關係。

聽說娜娜是壞孩子，我們就是不該跟她玩。

大家都支持小黑，我不要做叛徒。

這些同學的理由都是錯誤的，他們沒有判別事情本身的對錯，其中，有的人陷入了「友誼的陷阱」，雖然他們沒有說話，卻也不是無辜的，他們也參與了欺凌。

假裝沒看見，又會怎樣呢？

這會讓小黑覺得自己做得很對，大家都支持他，以後他會變本加厲地欺負娜娜或其他同學。

大家都養成了沉默的習慣，如果有一天小黑來欺負你，也不會有人站出來保護你。

守護正義，堅持做正確的事

2007年2月，加拿大一所中學迎來了9年級的新生查爾斯。查爾斯是個可愛的男孩子，卻因為穿了粉紅色的襯衫而被一些同學辱罵、威脅。兩個高年級的同學聽到這件事後，買了50件粉紅色襯衫，發起了一場名為「粉色海洋」的行動，他們希望大家第二天上學的時候一起穿着粉紅色襯衫，以此來對抗欺凌行為。當查爾斯第二天膽戰心驚地去上學時，他看到學校裏到處都是粉紅色。聲援查爾斯的學生多達幾百人，很多人甚至從頭到腳都穿着粉色衣物，而欺凌者早已不見蹤影。查爾斯從沒有這樣開心過，覺得世界充滿陽光，自己充滿了快樂的力量。後來加拿大把這一天定為「粉紅色襯衫日」，又叫「反欺凌日」，每年的這一天全加拿大的中小學生都會穿粉紅色的衣服到學校，以表示自己決不容忍欺凌行為。

做正義的守護者，你可以這樣做

這一點也
不好笑。

1. 私下裏支持被欺凌者，
給他寫一封信或者提供一些
力所能及的幫助。

2. 拒絕參與欺凌者團夥的行為，
不和他們一起孤立同學、傳播謠言、
嘲笑別人等。

3. 公開支持被欺凌者，阻
止欺凌者的欺凌行為，並呼
籲更多的人一起反抗。

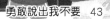

友誼的祕密守則

TOP SECRET

絕密

1.

友情手冊

作者：喵喵

喵喵出版社

喵喵報社

交朋友之前一定要知道的 4 件事

交朋友之前一定要知道的 4 件事

無論你是否喜歡對方，無論你和對方是不是朋友，友善和尊重都是基本原則。

1. 在你們的友情中，一切事情都要協商決定，而你只能決定其中的一半。例如你想和一個人做朋友，你可以發起邀請，但如果對方不想和你做朋友，那你就不可以勉強對方。

2. 交朋友的方式很重要。例如當你邀請別人和你一起玩的時候表現得兇巴巴的，那麼對方一定會拒絕你。但如果你是友好的，甚至能與對方分享你的快樂，那麼對方多半不會拒絕。

3. 如果對方說「不」，那麼你要尊重對方的決定，也許你可以試試別的方法，或者尋找別的朋友。

4.

喵喵報社

不要勉強對方！

2.

3.

讓友情長存的 9 個祕訣

- ❤ 永遠對朋友心存感激。

- ❤ 不要欺騙朋友。

- ❤ 兌現你對朋友做出的承諾。

- ❤ 不要試圖改變你的朋友，要接納他們原本的樣子。

- ❤ 想一想好朋友應該如何相處，並這樣對待你的朋友。

- ❤ 如果你傷害了朋友，向他道歉。

- ❤ 如果你的朋友傷害了你並且向你道歉，嘗試給他多一次機會。

- ❤ 在你的朋友需要幫助和建議的時候給予他支持和幫助。

- ❤ 為你們的友情做些努力，否則你的朋友可能會覺得你忽視了他。

我們可以
做好朋友嗎？

4.

「守護喵」的情緒控制課

我們每個人每天都會有不同的情緒，有時候我們會因為一些壞情緒而變成壞脾氣。我們可以自由地表達自己的情緒，但不能因為自己偶爾的壞脾氣傷害別人。

常見的「情緒」

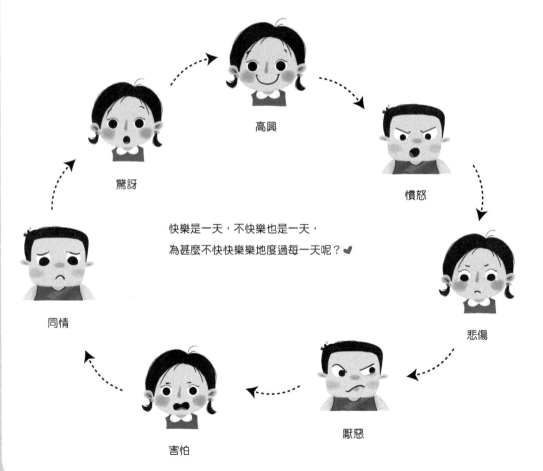

驚訝

高興

憤怒

同情

快樂是一天，不快樂也是一天，
為甚麼不快快樂樂地度過每一天呢？

悲傷

害怕

厭惡

一起來學習吧！情緒控制法！

1. **當玩具被朋友搶走，你感到憤怒時：**
　　試試找對方商量，嘗試交換玩具，也許他的玩具也很好玩喲。

2. **當考試沒有得到第一名，你感到悲傷時：**
　　重要的不是第一名，而是你努力的過程。學到知識就足夠了。

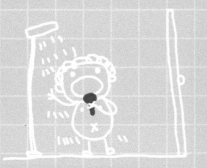

3. **你因為要上台表演而感到害怕時：**
　　想像台下空無一人，就像在家裏的洗手間裏那樣高歌一曲吧！

4. **你很想當班長，老師卻選擇了你的好朋友，你感到妒忌時：**
　　這說明你還可以變得更好，想想自己還有哪些地方做得不好，努力變得更強大吧！

5. **因為你的不小心，你的好朋友受傷了，你感到內疚時：**
　　內疚不能改變已經發生的事，嘗試做一些事來補償你的朋友吧，親手做塊蛋糕送給他怎麼樣呢？

對孩子最大的保護，
來自家長的安全意識

這個時代的父母，越來越認為教育子女要比自己從事的任何工作都困難得多。很多開始學習如何做合格父母的家長們，已經開始關注孩子的心理健康、知識發展、藝術愛好等，但是很少有父母關注如何才能讓孩子安全長大。惡性傷害兒童事件頻頻發生，孩子的安全問題一直是一個不容忽視的社會問題。調查顯示，意外死亡和意外傷害是威脅兒童健康成長的重要原因，而兒童意外死亡和意外傷害的背後是安全教育的缺失。

父母如果沒有足夠的安全知識，就不會有很強的安全意識。危險猛於虎，會吞噬孩子的生命。因此，父母的安全意識是孩子安全教育成敗的關鍵。要有效彌補家庭安全教育的缺失，首先從父母的「充電」開始。要教會孩子保護自己的身體，要教會孩子如何應對陌生人乃至熟人的誘拐，要教會孩子不去欺負別人也不被他人欺負，這都需要父母投入大量的精力。

教導孩子保護自己，不能簡單地為他們做冗長的描述，這會讓他們覺得索然無味；孩子都是靠眼睛學習的，如果口頭教育的時候讓孩子親身感受一下，效果會更好；角色扮演很重要，父母和孩子都可以參與其中，讓孩子真正地去行動；在重複中學習，無論是父母還是孩子，重複多了，這些行為就會變成直接和自然的反應；檢測安全教育成功與否的唯一方法就是對孩子進行測試，測試可以很有趣、很直觀；當孩子能正確展示所學東西的時候，記得要積極獎勵他們，這遠比懲罰或逼着他們去學有效得多；在教孩子某種綜合技巧時，為了讓他們學習起來更簡單，可以分解成幾個步驟，一個個教授，然後再把它們放在一起學習。

以上是幾條小建議，最後提醒父母的是，請保持您的「安全」形象。因為孩子最會模仿，如果您違反了安全規定，那麼他們肯定也會違反！

為人父母的路，漫漫長遠，我們一起來盡心守護我們的寶貝吧！